张微 徐博 编著

建筑美术
色彩

清华大学出版社
北京

内 容 简 介

近年来，随着建筑行业的蓬勃发展，建筑专业人才有了大量的就业和发展机会，很多综合性大学都开办了建筑学专业，以适应社会对建筑设计人才的需求。综合性大学建筑学专业的学生大多有理工科的学源背景，但缺乏绘画基础，而本科阶段的培养方案要求学生在低年级能够建立素描和色彩两类课程的知识结构，能够运用视觉语言表现建筑设计理念。

本书以建筑设计师执业能力为导向，以建筑学专业课程体系为依托，夯实色彩课程理论基础，着眼于专业应用，力求逐步培养学生的绘画实践能力。本书是《建筑美术——素描》一书的延续，是笔者十余年教学成果的总结，也是本校建筑学专业学生作业作品的积累。本书遵循循序渐进的教学原则，从基础知识到客观写生表现，再到与专业方向的衔接，逐步引导学生了解、掌握色彩知识；内容饱满，素材丰富，期望能够与先前出版的素描教材结合使用，可作为本科院校建筑学专业的教材。

图书在版编目(CIP)数据

建筑美术.色彩/张微，徐博编著. —北京：清华大学出版社，2022.7 （2024.2重印）
ISBN 978-7-302-60852-3

Ⅰ.①建… Ⅱ.①张… ②徐… Ⅲ.①建筑艺术—色彩学—高等学校—教材 Ⅳ.①TU-8 ②J063

中国版本图书馆CIP数据核字(2022)第081456号

责任编辑：施 猛
封面设计：常雪影
版式设计：孔祥峰
责任校对：马遥遥
责任印制：曹婉颖

出版发行：清华大学出版社
　　　　　网　　　址：https://www.tup.com.cn, https://www.wqxuetang.com
　　　　　地　　　址：北京清华大学学研大厦 A 座　　　　　邮　　编：100084
　　　　　社 总 机：010-83470000　　　　　　　　　　　　邮　　购：010-62786544
　　　　　投稿与读者服务：010-62776969，c-service@tup.tsinghua.edu.cn
　　　　　质 量 反 馈：010-62772015，zhiliang@tup.tsinghua.edu.cn
印 装 者：三河市龙大印装有限公司
经　　销：全国新华书店
开　　本：185mm×260mm　　　印　　张：5.75　　　字　　数：119 千字
版　　次：2022 年 7 月第 1 版　　　印　　次：2024 年 2 月第 2 次印刷
定　　价：49.00 元

产品编号：095092-01

Preface
前言

2016年秋，《建筑美术——素描》一书出版，之后多次重印，取得了良好的社会效益。2022年夏，《建筑美术——色彩》整理成文，希望书中的色彩知识能够与素描课程相结合，对综合性大学建筑学专业学生学习美术知识有所帮助。

建筑学是研究建筑设计及建筑相关空间环境的学科。随着我国经济的高速发展，建筑设计及相关行业日新月异，一方面满足了人民日益增长的物质生活需要，另一方面与国际先进设计理念接轨，成就了精神文化的更新。二十多年间，建筑设计从业人员不断增加，培养相关人才的高等院校也相应扩大了招生规模，并在行业发展的引领下，不断更新教学内容，进行多方位的教学实践改革，为满足社会对建筑设计人才的需求做着不懈的努力。

建筑设计需要设计师运用视觉符号把创作思想、设计理念落实在媒介上，传达给受众，由此，绘画表现能力成为建筑设计师不可或缺的重要专业能力之一。建筑学专业的美术类课程在培养方案中属于专业基础课，覆盖第一学年，学生在此期间学习素描和色彩两部分知识。通过系统学习美术类课程，学生可以更好地运用视觉语言表达设计思维与理念，潜移默化地提高观察能力、感受能力和审美意识。

《建筑美术——色彩》针对理工科院校建筑学专业学生相对薄弱的美术基础，与素描课程相结合，进行了精心的色彩教学方案设计。全书在课程结构上分为三个层次：第一层次是基础色彩能力的学习，包括色彩的基础知识、色彩的调配方法、色彩构成的一般原理；第二层次是以静物及建筑局部为题材的色彩写生，培养学生用色彩因素完整构建画面的能力；第三层次则是与建筑设计课程相结合，使学生运用全面的视觉表现语言较为深入地表现实体建筑及建筑设计效果图。书中的色彩知识讲述由浅入深、由易及难，能够把学生的绘画基础能力清晰化，使其明确把握住建筑设计专业的特点，并学好色彩相关知识，有利于与建筑学专业课程有机结合起来，学有所用。

　　《建筑美术——色彩》的结构框架源自近几年沈阳工业大学建筑学绘画课程的教学大纲，书中大部分内容是色彩课的教学方案及备课内容。本书的适用对象为美术基础薄弱的理工科院校建筑学专业学生。本书编写的核心目的是使美术基础教学与建筑专业设计教学的进程保持同步，在教学过程中两者有机配合；最终目的是使学生具备运用艺术规律进行建筑及相关环境设计、创作、表现的能力。书中绝大部分作品是沈阳工业大学建筑学专业学生历年的课堂色彩习作，展现了一个又一个阶段的教学成果，既是书中文字阐述部分的补充，又是学生坚实成长的印迹。

　　教育的核心是教学，切实可行的教材是教学实践及改革的支撑。相比于广博的绘画知识，书中内容只是沧海一粟。真心地希望此书能够对初学绘画的建筑学专业学生有实际的帮助。书中难免存在不足之处，敬请学术界同行和广大读者批评指正，并提出宝贵意见，在此一并表示感谢！反馈邮箱：wkservice@vip.163.com。

编　者

2022年4月

Contents
目　录

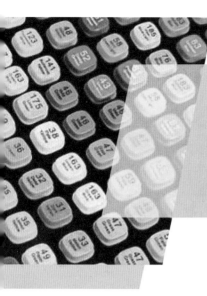

第1章
色彩学习基础

1.1　色彩的概念与本质

1.1.1　色彩的概念

　　广义上，色彩是指色彩的相貌，即物体所具备色彩因素的名称，例如柠檬黄色、大红色、草绿色。在绘画专业里，色彩的概念更加具体，是指视觉个体包括受光部分的色彩、背光部分的色彩、固有色、环境色、光源色等概念在内的视觉因素的总体呈现。色彩是客观世界中最重要的视觉因素，物体除了造型、体积、质感之外，还具备独特的色彩，因此色彩因素是绘画表现的重要组成部分。

　　马克思说，色彩的感觉是美感最普及的形式。世间万物给人们最初的视觉印象一定少不了色彩，所以对色彩的一般学习是从感觉开始的。在学习的过程中，我们需要掌握具体的色彩知识，最终目标是以色彩为媒介表现特定的视觉感觉。

1.1.2　色彩的本质

　　色彩与光源有着密不可分的关系。众多的艺术家、自然科学家通过实践和探索，发现了色彩在光线条件下存在和生成的规律，色彩因光线的变化而变化，呈现一种动态的美。丰富而微妙的变化正是色彩这一学科的魅力。

　　色彩的绘画表现语言是非常丰富的。水彩、水粉、油画、马克笔、彩色铅笔等广泛

多元的媒介颜料使得色彩的表现更具延展力，每一种颜料都有其自身的个性特点，总归会有一种最贴切的语言来表达画面特定的色彩感觉。

色彩的本质是一个逻辑链条。首先启动视觉，观察、感受色彩；其次在学习色彩知识的基础上，尝试表现观察到的具体细节；最后整合色彩关系、理顺色彩语言，以绘画为载体形成色彩表现的成果。

对建筑学专业的学生而言，色彩学习的本质是结合建筑相关专业知识更好地以建筑效果图的形式表达设计理念。建筑是社会生活的容器，在设计阶段需要完整的视觉语言来体现建筑的具体样貌，其中色彩因素不可或缺。

建筑学专业的色彩课程学习从掌握色彩基础知识开始，逐步拓展到运用色彩知识进行静物及建筑题材的写生，图1-1是校园中体育馆的色彩写生作品。

图1-1　色彩写生作品——体育馆　（54 cm×38 cm　邓智分）

在学生的绘画能力通过写生练习构建完备后，可以用写生和设计创作的形式来进行本专业范畴内建筑题材的绘画表现，既可以运用水彩、油画等媒介进行完整细腻的建筑表现，也可以运用宽笔类的马克笔、方头尼龙笔、水粉笔这类概括性较强的媒介进行建筑效果图的表现。图1-2是综合运用色彩因素所画的建筑题材效果图。

图1-2 建筑题材效果图 （29 cm×21 cm 李冰玉）

通过循序渐进的系列色彩学习，学生可以得心应手地应用色彩语言表现建筑、景观以及相关的空间环境。

综上所述，色彩是光刺激眼睛再传到大脑的视觉中枢而产生的一种感觉。人对色彩从感知到认知，要有光，要有承载色彩的对象，要有健康的大脑和眼睛，缺一不可。色彩是覆盖了物理学、心理学、生理学的知识，是多学科领域的综合科学。

1.2 色彩学习的意义

如果说素描的学习是视觉传达学科中基本能力的培养，那么色彩的学习就是表现特定题材的艺术风格、构建格调氛围能力的培养。

色彩的学习从内容上可以分为基础知识、写生表现、创作构成三个方面，这三个方面循序渐进、由简入繁地引导学生了解色彩知识，使学生能够运用色彩知识表现所见，表达所想。

首先，学习色彩基础知识主要是学习包括色彩相貌、色彩明度、色彩纯度在内的三个要素，继而培养生成既定色彩的逻辑思路，具备准确调配目标色彩的能力。

其次，色彩写生表现的课程内容是基于巩固色彩基础知识和衔接建筑绘画表现两个

方面而设置的，相对应的写生题材为静物和建筑室内外空间场景。因为素描的基础训练加上色彩因素的配合，可以更加精准地表现所见事物。

最后，色彩创作构成是基于色彩基础知识和写生经验基础上的视觉感受表现，是运用色彩之间的变化与搭配进行创作的过程，是色彩学习高一层级的目标，是色彩构成与建筑表现在绘画语言平台上的有机结合。在建筑学专业范畴，色彩创作构成既要在抽象因素上体现色彩构成的设计意图，又要在具象内容上体现建筑题材的绘画能力，还要涉及建筑效果图常用的马克笔语言。

建筑学专业的色彩课程是素描课程的接续，学习时长为一个学期，学生先是能够准确地调配出可见的目标颜色，之后能够把准确调配颜色的能力运用到写生过程，最后能够通过掌握的色彩知识和色彩变化规律把建筑设计创作理念表现出来。这是一个渐进的过程，也是把学到的所有绘画知识综合运用的过程。

色彩画面由色彩语言构建，而色彩语言的表现力在很大程度上是由所用颜料的属性特点决定的，水彩、水粉、马克笔、彩色铅笔等颜料都有其各自的语言特点。在建筑学专业五年的课程中，我们会学习掌握其中的一部分。在色彩课中，我们主要学习水彩；在色彩构成中，我们学习水粉；在建筑表现中，我们学习马克笔和彩色铅笔的运用技法；选修课会接触油画。本书主要以水彩这一画种为载体，进行色彩的初步学习。在后续的色彩学习中，也会对其他几种颜料做相关的介绍。

色彩的学习是完善画面表现因素的重要环节，是绘画语言与画面内容表现力之间的重要桥梁。掌握了色彩的运用，就会有的放矢、得心应手地表现各类事物和建筑效果图。图1-3为沈阳工业大学1号教学楼的水彩写生作品。

图1-3　1号教学楼　（54 cm×31 cm　李慧）

1.3　色彩学习相关工具材料

　　建筑学专业常用的色彩表现媒介是水彩和马克笔。一般来说，色彩绘画阶段常用的工具材料是水彩，建筑表现的创作阶段可以用钢笔与水彩结合的钢笔淡彩，也可以用马克笔。

　　水彩画具有清透的特点，适合进行色彩语言基础知识的学习和相关题材的写生，是建筑学专业学生学习的上佳选择。下面将水彩和马克笔两种颜料及相关的绘画材料做具体介绍。

1.3.1　水彩纸

　　在整个作画过程中，水彩纸需要承托水性颜料的变化。水彩纸的性能及质量要素有三个，即纸本身的重量、吸水性、表面纹理。水彩纸的重量一般是与其厚度成正比的，以克计量，克数越重，水彩纸就越厚。作画过程中，厚度大的水彩纸在平整度和画面细节修改调整的可适度上是有优势的。水彩纸的吸水性与纸张生产过程中的内部上浆和表面上浆有关，没有上浆的原纸会迅速吸收颜料，而上浆完好的水彩纸会适度地承托颜料，从而提供合适的调整空间，同时保持画面不易变色。水彩纸的表面纹理起到控制水性颜料无序流淌的作用，细腻的纹理和粗犷的纹理分别适合不同的绘画题材。在水彩纸的选购中，我们要充分考虑以上三个要素。水彩是以水为媒介进行调和的，纸张与颜料共同表现颜色明度的变化、表现水彩清透的特点，所以水彩纸的质量基础性决定着画面的可实现程度。

　　在作画过程中，水彩纸会因为吸水不均匀而膨胀，造成水彩纸表面的不平整，干燥后的纸面依旧会凸凹不平，解决的办法是裱纸。在落笔之前，用特定的纸胶带（即水胶带）把水彩纸裱到画板上，固定完好后再作画，如图1-4所示。这样待作品完成干透以后，纸面就会恢复平整。

　　粘裱水彩纸是一个间接、烦琐的预备程序，随着绘画工具材料不断演进，为了免去裱纸的繁复过程，更加方便的四面封边的水彩本应运而生，如图1-5所示。三十张左右的水彩纸以纸张四周封胶、粘贴的形式合成一体，这样能够在作画过程中保持一定程度的纸面平整，画面干透之后，沿着画纸的边拆下画纸即可。

图1-4　水胶带和水彩纸

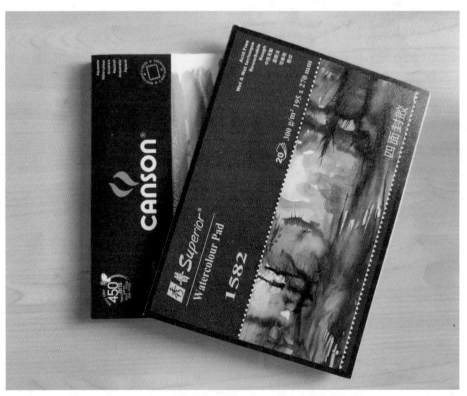

图1-5　四面封胶的水彩本

无论是单张的水彩纸，还是四面封胶的水彩本，我们都要严谨地选择纸的质地。初学者可以选择重量在300克、纹理粗细居中的水彩纸来作画。另外，因为肉眼不能识别水彩纸的吸水性，选择口碑比较好的品牌较稳妥。

1.3.2 水彩笔

水彩笔是绘制水彩画的重要工具，水彩画以水为媒介来调和颜料，柔软和吸水是水彩笔最重要的要求。合适的笔毛能够成就一支得力的笔，松鼠毛、羊毛、貂毛等都是水彩笔笔毛的上佳选择，由聚酯单丝合成的笔毛也具有不错的吸水性。另外，笔头的形状决定笔触的形态，常见的水彩笔分为圆头和扁方头两种。笔杆上标注的不同数码显示的是笔触的大小，一般号码越大，笔触越大。

在绘画实践中，我们要依据不同的画面题材，选取含水量、笔触形状、笔触大小合适的水彩笔。例如，湿画法需要含水量较大的笔，刻画丰富的细节需要圆头水彩笔的笔尖部分，刻画硬朗的结构则更适合用方头水彩笔，大画幅或者大块面会用到大号的笔，小画幅或者精细刻画会用到小号的笔。选择适合的水彩笔，才会画出精彩的水彩画作品。

初学者选择水彩笔，尽量选择天然质地的吸水性较好的笔毛；最好选择大、中、小三种笔头，以适应不同详尽程度的细节刻画；圆头笔触和扁方头笔触都可以尝试选择。

1.3.3 水彩颜料

水彩颜料在体现水彩画清透的特点上起着至关重要的作用。在作画过程中，水彩颜料与水按不同的比例混合，会形成干画法、湿画法、叠加、相溶等不同的绘画技法，形成水彩画独特的画面语言。随着技术的更新与发展，阿拉伯树胶、牛胆汁等天然辅料逐渐淡出人们的视野，现代合成颜料越来越多地被应用。现代合成颜料有着细腻的质地，稀释后变得光滑，与天然颜料产生的笔触很相似，色彩的纯度均很高，适合基于色彩相貌、色彩明度、色彩纯度之上的各种调和。

水彩颜料种类繁多，不同品牌、不同价格的颜料都有各自不同的特点。在水彩颜料的级别分类中，艺术家级颜料比学生级颜料好用，其颜料的浓度更大、纯度更高，后续的耐光性也更好；在液态、块状、膏状这些不同性状的水彩颜料中，建议初学者选择膏状颜料，因为膏状颜料能够在一定程度上避免绘画过程中色彩饱和度与明度调和之间的混淆，避免整体画面的不饱和。

1.3.4 水彩调色盒

水彩调色盒的选择有三个要点。第一，要选择结构上带有白色调色盘的色盒。在作画过程中，在白色调色盘上调出的颜色就是落在白色纸张上的色彩样貌，免去因底色不

同而在另外的纸张上试色的环节。第二，调色盒里容纳颜色的个数要与已有管状颜料的个数相匹配，这样，我们在准备时就不必费心取舍某种颜色。第三，质地轻、密封性好是调色盒的重要属性，无论是在室内写生，还是在户外写生，这种调色盒都比较方便携带，绘画者不必担心颜色风干过快。

水彩笔、水彩颜料、水彩调色盒如图1-6所示。

图1-6　水彩笔、水彩颜料、水彩调色盒

1.3.5　笔洗、喷壶、抹布

水彩以水为媒介来调和颜色、构建画面，笔洗、喷壶和抹布是关于水的三样必需工具。小水桶或者小水罐都可以作为笔洗，水彩笔变换颜色或增加水量时都需要在笔洗中进行；喷壶是以均匀喷洒水雾的方式保持颜料和画纸的湿度；抹布可吸收水彩笔上的水量。

另外，还有一些辅助性的水彩画相关工具材料。例如，起稿阶段会用到铅笔或水溶彩色铅笔，修改调整会用到橡皮，画面上的高光处理会用到遮挡胶(即留白胶)，画前准备和画后整理的裁纸环节会用到壁纸刀，海绵可以用来以吸水、刮擦、着色的方式丰富画面肌理。

熟悉水彩画工具材料的过程，也是学习水彩基础知识的一部分。了解纸张、颜料、画笔等工具材料的特点之后，能够更加顺利地运用它们把画面因素落实。

1.3.6　马克笔和卡纸

马克笔的名字是音译过来的，源于单词mark，马克笔具有简明、直接的绘画表现属性，缺少丰富可变的混色空间。

马克笔从颜料属性上分为油性马克笔和水性马克笔两大类。油性马克笔的色彩饱和、鲜明，有一定的覆盖力；水性马克笔的色彩柔和，两种色彩之间易于衔接。两种类别的马克笔各有其擅长表现的题材，可依据绘画题材来预备。

因马克笔不具备丰富可变的混色属性，所以在颜色储备上要充足一些。对于建筑学专业的学生，马克笔主要用于建筑及景观效果图的创作表现，在色彩选择上要依据自己的创作习惯、色调偏好。

市面上常见的马克笔如图1-7所示。

图1-7　马克笔

有专门的马克笔专用卡纸，而且不同的绘画表现题材需要不同质地的卡纸来配合，这样才能得到更好的视觉效果。如果把马克笔专用卡纸分为两类，那么较为光滑的纸面适合混色及相邻色彩的衔接，较为粗糙的纸面适合以清晰的笔触表现硬朗物体的质感。

水彩和马克笔是建筑学专业学生学习色彩的媒介，能够解决从写生到创作的一系列色彩问题，充分地准备相关工具材料是学习色彩的第一步，了解工具材料的性能是顺畅学习的开始。

第2章

色彩单项学习

色彩是造型艺术的重要因素之一，在绘画实践中，它既能与形体、空间、肌理、质感等要素整合在一起，又有其独立的知识范畴。本章从色彩基本原理开始，逐步过渡到画面构成要素，由简入繁，逐步培养学生用色彩塑造画面的能力。

2.1 色彩基本原理

色彩的绘画语言在美术历史发展的长河中不断演进，形成了种类丰富、特征多元的样貌。绘画语言可用水彩、马克笔、彩色铅笔、水粉、丙烯等来表现，每一种绘画语言都有各自的特点，形成的画面都具有独特的表现力。但是，万变不离其宗，所有绘画语言的变化与调配都离不开基础的色彩知识，离不开画面构建的一般规律。所以，与所学专业对应，用一种色彩语言为媒介来学习色彩知识和画面构成规律，是便捷、高效的学习方式。本书中，建筑学专业的色彩学习就以水彩为颜料媒介。

具体来说，色彩基本原理指的是色彩调配生成的原理。我们要了解看到的色彩是怎样调配的，每一个调配环节解决怎样的问题，各个调配环节之间是怎样的逻辑关系。虽然色彩是通过观察感觉到的，但是可以用科学的方法体现出来。色彩的基本原理就是从色彩三要素开始的，这三要素既是每个色彩具备的一般属性，也是调配色彩的要点。

色彩三要素指的是色彩的相貌、色彩的明度、色彩的纯度。只有掌握并学会运用色彩三要素，才能准确地调配出看到的颜色，才能准确地调配出想要表现的颜色，进而才

建筑美术
——色彩

能顺利地进行写生与创作。

2.1.1　色彩的相貌

每一种色彩都有独特的名称，同时有相对应的具体样貌，名称与样貌的结合就是色彩的相貌。对每一种物体最鲜明的视觉印象，就是其色彩的相貌。在色彩的绘画表现上，色彩的相貌是调配颜色的第一要素。

孟塞尔色环（见图2-1）是由美术教育学家孟塞尔创立的色彩表示法。色环以三原色（大红、柠檬黄、湖蓝）为基础，衍生出间色（橙色、紫色、绿色），再生成复色以及更丰富的色彩，形成色彩调配的轨迹，从视觉上表达出色彩调配的原理。从色环调配的过程，我们可以直观地学习到色彩相貌的生成、调整与变化。

图2-1　孟塞尔色环

2.1.2 色彩的明度

色彩的色调深浅体现的就是色彩的明度。色彩的明度不是绝对的，而是参照其他颜色或环境相对存在的，这种相对关系即存在于同色系的颜色（比如柠檬黄相对土黄来讲，色彩明度就高），也存在于不同色系之间（比如土黄相对普兰来讲，色彩明度就高）。从色彩明度的调配方法来讲，水彩颜料的明度提高需要加入适量的清水，其明度降低需要加入适量的黑色。由此可见，色彩的明度可以提高，也可以降低，如图2-2所示。

图2-2　色彩明度的提高与降低

2.1.3 色彩的纯度

从字面来理解，色彩的纯净程度就是色彩纯度。常规调配颜色的过程中，色彩的纯度只能降低，无法提高。最直接降低色彩纯度的方法就是适量加入基础颜色的互补色。互补色与人类视觉反应的关系是较为复杂的，从概念层面简单来说，在色环上成180°对应位置的两个颜色，是一对互补色。例如，降低红色系的色彩纯度就需要加入绿色，降低黄色系的色彩纯度就需要加入紫色，降低橙色系的色彩纯度就需要加入蓝色。加入互补色之后，颜色不如原来鲜明，如图2-3所示。

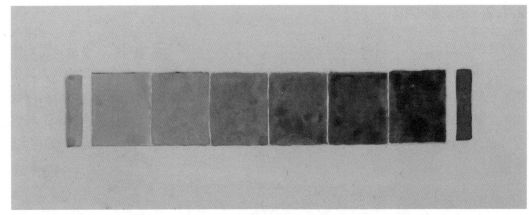

图2-3　色彩纯度的降低

　　本节详尽地讲解了色彩三要素的相关知识，以及调配的基本方法，并有相关图片辅助说明。从观察出发，每一个视觉可见的颜色都存在着色彩三要素；从表现出发，调配一个目标颜色的过程就是按照先后顺序实践色彩三要素的过程。色彩三要素是色彩理论的主要依据，是我们在学习、了解和运用色彩时所必须扎实掌握的基本原理。

2.2　色彩的作画步骤

　　通过建筑学专业本科阶段的学习，学生需要掌握手绘效果图的视觉表现技法，常用的色彩表现媒介可以是钢笔淡彩，也可以是马克笔。在建筑表现的效果图中，水彩可以与钢笔速写相结合，承担以色彩渲染氛围的作用。干画法在画面中形成的概括性的笔触与马克笔的笔触类似，可以帮助学生顺利地从水彩绘画过渡到马克笔手绘效果图。这里我们就以水彩为颜料媒介，进行色彩写生的学习，了解水彩的作画步骤，掌握水彩的特性技法，用水彩这一绘画语言走进色彩表现的广阔领域。

　　水彩是以水的变化构建画面的画种，纸对水的承托，需要进行裱纸；水调和稀释颜料会产生透明感；需要打出干净的铅笔线稿……水彩画的作画步骤既有一般色彩绘画的基本属性，也有自身的一些特点。下面我们从裱纸、线稿、铺颜色、调整画面这几个方面来谈一谈水彩画的作画步骤。

2.2.1　裱纸

　　裱纸是水彩画作画的第一个步骤。水彩纸吸水后会膨胀变形，由于水量在纸面分布不均匀，会产生大小不一的鼓包现象，这就需要提前把画纸粘裱在画板上，保证作画过程纸面的平整。根据水彩纸质地的不同，有湿裱和干裱两种裱纸方式。

　　湿裱水彩纸的原则是均匀湿水，均匀干燥。在湿裱水彩纸的过程中有几个要点需注意：第一，水彩纸在粘裱之前一定要浸湿，让纸膨胀到位，这样裱出来的画纸在整个作画过程中都会保持平整；第二，水彩纸的四边不要有积水，过多残留的水会稀释水胶带上的胶，画纸容易因脱胶而开裂；第三，在裱纸和待干的过程中，画板都要水平放置，避免画纸表面湿度不均匀导致开裂；第四，不要靠近热源，避免画纸因近热而快干的一侧拉拽另一侧，造成纸边开裂。裱好待用的水彩纸如图2-4所示。

图2-4　裱好待用的水彩纸

　　如果不使用水量很大的湿画法，就可以选择把干燥的画纸用水胶带固定在画板上，这种方式就是干裱。干裱水彩纸的方式适合质地厚实的画纸，比如克数在640克的纸。

　　近几年出现的四面封胶水彩本，是水彩纸裱纸固定的另一种表现形式，它以纸张四边粘合成册的方式保持水彩纸平整，简化了裱纸的步骤和程序。四面封胶的水彩本如图2-5所示。

图2-5 四面封胶的水彩本

2.2.2 线稿

一幅水彩画最先落实的是线稿。水彩画的线稿要准确、素淡，这是由水彩画清透的特点和水彩纸的纸张性质所决定的。在作画步骤的线稿阶段，既要清晰地划定绘画对象的造型特征与画面色彩变化的具体范围，又要保持水彩颜料特有的清透的美感。

水彩画线稿应用的画材有两种：一种是铅笔，可以选取标号2B、3B这样石墨含量较少的铅笔；另一种是水溶彩色铅笔，其颜色的选取要与画面总体色调相符合。无论选取哪一种画材，都要在不做较大修改的前提下，以线条的形式轻轻勾画铅笔稿。铅笔的线稿宜素淡，水彩着色之后不至于影响色彩的纯度；水溶彩色铅笔的线稿线条柔和，确保在后续的作画环节可以与水彩颜料自然相溶，如图2-6所示。

图2-6 作画过程——线稿

2.2.3 铺颜色

　　落实了线稿后的作画步骤是铺颜色。经过了色彩三要素的学习，我们已经能够准确地调配出目标颜色，接下来就是把观察到的颜色落到画面的相应位置。线稿中的每一个局部的颜色都调配、落实到位，就完成了铺颜色的过程，整幅画的面貌就呈现了。

　　水彩画清透的色彩是其独特的语言特点。画面上色彩的明度变化主要依靠水与颜色的混合，透出纸的质地。色彩纯度的变化依靠互补色的混合，颜料的反复叠加会破坏通透的视觉效果，所以在铺颜色这一步骤尽量控制画面颜色叠加的层数，以保证整体画面清爽的色彩属性。

　　无论是写生还是创作，我们在铺颜色时都要遵循一定的原则，一般是从画面的主要部分逐渐扩展到画面的次要部分，或者从画面中色彩纯度比较高的部分逐渐扩展到色彩纯度低的部分。

铺颜色具体是指画面从没有颜色到具备颜色的一个过程，但这个过程不能是形而上学地平涂颜色的过程。学生在铺颜色过程中一定要有塑造的概念，通过色彩的变化把刻画对象的立体感塑造出来，把画面因素构成的三维空间塑造出来，如图2-7所示。

图2-7　作画过程——铺颜色

2.2.4　调整画面

如果说线稿是作画步骤的基础性环节，铺颜色是中间环节，那么调整画面则是重要的收尾过程。同其他颜料媒介的色彩绘画一样，调整画面这一步骤主要针对画面的空间关系、主次关系、绘画技法等方面。调整画面关系之后的作品如图2-8所示。

画面的空间关系涵盖单个物体的体积，也涵盖物体之间的距离。在调整画面关系时要把代表空间的厚度和距离表现清楚。这里会用到素描课程中曾经学习过的近实远虚的空气透视原则。另外，距离观察视点近的物体相对于远一些的物体，色彩纯度要高一些；距离光源近的物体相对于远一些的物体，色彩明度要高一些。

画面的主次关系一定要详略得当，有明确的结构层次。整体画面中主要的物体或者距离观察视点近的物体，是需要详细刻画的部分；画面中起衬托作用的物体或者距离观察视点远的物体，是需要简略塑造的部分。对于绘画中详细刻画的部分，我们需要多观察、多发掘，运用更丰富的绘画语言充分地表现刻画对象的体积、质感，进而使画面中的主要物体更有视觉感染力。

图2-8　调整画面关系之后的作品　（52 cm×45 cm　李小同）

绘画技法与绘画材料有关。颜料是水性还是油性，从一定程度上决定了绘画的基底材，颜料与基底材的结合又衍生了丰富的绘画技法。水彩画就是依托颜料与水可溶、速干、流淌的特点，衍生了湿画法、干画法、叠加画法，以及吸除、柔化、撒盐、沙砾、油水分离和留白等一系列有趣的技法。但是，从另一个角度讲，我们在绘制水彩画时不能陷入技法之中，要合理地把技法用在有相应需要的局部。这是因为，虽然绘画技法可以彰显颜料自身的个性，但始终要为画面关系服务，要为塑造画面而存在。

裱纸—线稿—铺颜色—调整画面，这是一般水彩画的作画步骤，无论是临摹，还是写生，抑或是创作，只有遵循这个步骤进行，才能顺利地完成既定的作品。

在熟悉水彩画的常规作画步骤之后，可以尝试局部推进的方式来完成画面。由于水彩颜料的特殊性，复杂的混合和反复的叠加会降低色彩的纯度，影响画面的饱和度，而局部完成的绘画方式可以从一定程度上避免这个问题，如图2-9～图2-11所示。

图2-9　局部推进的作画方法（一）　　　　　图2-10　局部推进的作画方法（二）

图2-11　局部推进完成的作品　　（53 cm×38 cm　张微）

水彩画的作画步骤有不可变的部分，比如平整的裱纸、准确的线稿、完整的画面关系，也有可以依据颜料属性、画面题材、绘画技法而灵活创新、巧妙变更的部分。用心地经营画面，总会有称心的作品产生。

2.3　体积与色彩变化

如果说客观世界是建立在空间维度中的，那么表现客观世界就需要呈现合理的体积与空间。精彩的绘画作品色彩纷呈，其中的色彩因素包含固有色、光源色、环境色，这三个色彩因素是塑造体积与空间所必须具备的。

体积是指单个物体的三维关系，即长度、宽度、厚度之间的关系。体积与空间的表现在素描中依靠的是丰富的黑白灰色调的变化塑造，在色彩画面中主要依靠的是色彩受光部分、背光部分的变化塑造。我们在写生过程中表现光源色，首先要清楚光源的方向，然后要清楚光源的色彩相貌，结合光源色与写生对象的固有色确定画面整体色调，最后适度体现物体相互影响所出现的环境色部分。只要我们把这些色彩变化在画纸上表现出来，刻画对象的体积就自然而然地呈现了。

体积与空间的视觉概念其实就是距离的概念，具体来讲包括物体距离画者观察点的远近、距离光源的远近，以及主要物体与其他物体的距离远近。绘画中对于距离的表现是由色彩的变化体现的。下面结合具体作品讲解画面中如何表现体积与空间。

2.3.1　固有色

固有色是写生对象本身的颜色，通常是指物体表皮材料的色彩相貌。例如，一个红色的书包，这个红色就是书包的固有色。

固有色在色彩写生的画面中主要出现在明暗交界线附近，呈现物体基本的色彩属性。在光源及环境的影响下，无论写生对象的色彩产生怎样的变化，都以固有色的色彩为基调。

在体积的色彩表现中，忌讳在画面中大面积使用固有色。单个物体处于空间环境中，受光部分的色彩由光源色改变，背光部分的色彩受环境色影响，这些色彩的变化使物体产生了视觉上的体积感。如果用固有色给物体罩一层颜色，就会呈现平面化效果。所以，不能用固有色覆盖全部形体是塑造物体体积感的关键。固有色在画面中的变化示例如图2-12所示。

图2-12　固有色在画面中的变化　（50 cm×32 cm　张微）

2.3.2　光源色

　　光源色是指照射于物体表面的光源的颜色。色彩在视觉中的呈现原本就与光线密不可分，就画面而言，光源色影响着整个画面的色调和氛围。光源的颜色会直接影响物体受光部分的色彩，也间接改变了物体暗部的色调。光源的颜色对物象的色彩影响很大，不同的光源色对同一个物体会产生不同的色彩效果。

　　光源色在不同物体上呈现的色彩色调变化不同，是由物体表皮的质感决定的，与刻画对象的材料质地相关。例如不锈钢制品对光源色的反映比较明显，而粗陶制品对光源色的反映相对弱；浅色物体受光源色影响比较明显，而深色物体对光源色的体现相对较弱。

光源色在画面中的体现，增加了画者对物体所处空间环境的表达，增加了物体受光部分颜色的丰富性，从光源的角度体现了体积与空间的画面意义，如图2-13所示。

图2-13　光源色在画面中的体现　（36 cm×40 cm　唐泽宇）

2.3.3　环境色

环境色是指物体所处环境的颜色。物体的背光部分受环境色影响显著。光线越强，物体受环境色的影响就越大；光线越弱，受环境色的影响就越小。一般来讲，环境色是相邻物体颜色相互影响而产生的，同时取决于物体表面材质对于色彩的吸收与折射能力，是"你中有我，我中有你"的视觉色彩现象。这种色彩上的相互影响，把画面中的各种物体组成一个整体。

环境色在不同物体上体现的强弱程度不一，这与物体表面的质感相关。例如，一些物体的质感光洁、质地细密，会还原般地反映着周围环境物体的颜色，又如一些物体的质地温和、肌理粗糙，就会相对微弱地反映相邻物体的颜色。

环境色丰富了单个物体在体积感上的视觉属性，以色彩影响的方式强化了物体的转折变化。在更宏观意义的空间距离上，环境色呈现的强弱也有效地体现了物体之间的空间变化，如图2-14所示。

图2-14　环境色在画面中的体现　（36 cm×50 cm　孙晨博）

　　单一的色彩无法表现光线条件下物体的体积，雷同的色彩无法表现物体之间的空间距离，而固有色赋予了刻画对象最基本的样貌；光源色添加了受光部分的色彩变化；环境色丰富了形体转折的色彩表达。在绘画实践中，了解固有色、光源色、环境色的画面表现方式，能够直观地增强对体积与空间的画面表现。图2-15是静物题材的水彩写生作品，综合体现了画面的色彩因素。

图2-15　水彩静物写生练习　（34 cm×52 cm　沈蕾）

2.4　质感的色彩表现

2.4.1　质感的解析

质感是构成物体的材料给人的感受，在绘画中具体指的是写生对象的表皮材料给人的视觉感受。完整的绘画作品中表现的对象通常具备造型、体积、色彩、质感四大特征，把这些特征表现充分了，画面就具备了一定的视觉表现力，所以质感是画面表现因素的重要组成部分。

质感在建筑学专业美术课程中的素描部分曾经提及，而色彩学习中质感涵盖的内容要更丰富一些，除了黑白灰色调因素外，还有写生对象表面材料对光源色、环境色的反映。

对建筑设计而言，质感的表现尤为重要。由于建筑单体的体量庞大，建筑材料使用的种类有限，建筑材料质感的视觉效果尤为明显。建筑属于城市中大体量的存在，视觉影响力成比例递增，所以建筑材料呈现的质感对于空间氛围的营造也尤为重要。对建筑设计师而言，建筑材料的质感成为建筑设计的重要视觉因素。

下面，我们就生活中常见的质感用水彩写生的方式进行详尽的讲解，希望能够启发初学者的思考，拓展其对质感的感受与绘画表现。

2.4.2　质感分类与水彩表现

水彩同其他绘画材料一样，都有自身的语言特点。画面语言在表现写生对象的同时，也在流露着自身的语言特点。随着工具材料的发展，相应的绘画技法及画面语言不断创新，水彩的画面语言也在发展中更加广阔和多元，同时丰富的画面语言融入画面，提升了画面中质感的表现力。

水彩的绘画技法是非常丰富的，几乎所有的视觉可见质感都可以运用水彩技法呈现。雨天的景象可以用湿画法来表现，冬日雪景的写生可以用撒盐法来表现，山石沙滩等颗粒化的物体可以用撒沙粒这种汲取颜色的画法来表现，天高云淡的意境可以用晕染法来表现。另外，各种底子与肌理的制作可以有更广阔的表现领域。

1. 石膏质感

石膏质感是建筑环境中较常见的，也是初步学习水彩写生的首选题材。从绘画题材选择上，基础的几何形体是最基本的石膏质感的绘画静物，建筑室内空间表现则是最复杂的石膏质感的色彩写生对象，图2-16是基础的几何形体色彩写生作品。石膏质地细腻，常规的色彩相貌是白色，其质感特点是依据形体转折呈现有规律的色彩变化，过渡柔和，对色彩的变化有最直接的体现，无论是对光源色、环境色，还是对物体的明暗关

系差别，都有清晰的体现。

图2-16　石膏的质感　（36 cm×52 cm　李慧）

2. 玻璃质感

玻璃质感（见图2-17）是营造建筑空间环境不可或缺的因素，无论是常规的玻璃窗、玻璃门，还是代表现代建筑技术的玻璃幕墙构筑物，都把玻璃这一独具特点的材料应用到设计中。

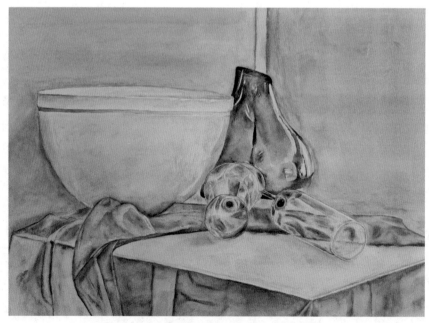

图2-17　玻璃的质感　（37 cm×52 cm　唐晶晶）

生活中常见的玻璃具有通透的视觉感、细密的质地，分为无色玻璃和有色玻璃两类。用水彩语言表现玻璃有三方面要点：一是要表现玻璃的通透感，既需要画出玻璃所处环境的客观状态，也要表现出可以透过玻璃看到的变形、变色的局部环境，使客观环境与透视变形的环境相衔接、相对比，呈现玻璃通透的存在感；二是要表现玻璃对光源的折射，无论是直接的还是间接的光源，玻璃表面都能以折射的方式显现出来，以高光的形式存在于玻璃表面；三是玻璃对环境的反映类似于镜面，通过玻璃表面可以看到其附近的物体形象，这些形象会依据玻璃形成形体的体积变化而变形。作画时，如果以上的要点充分表现，玻璃的质感也就体现出来了，整个作品自然栩栩如生。

3. 不锈钢质感

不锈钢是金属材料的一种，质地坚硬，表皮有镜面的反映现象，具备典型的金属质感的视觉特征。不锈钢作为一种品质耐用、外观时尚的材料，无论是日常生活的器皿，还是建筑空间的用材，都应用广泛。所以，不论是初学绘画质感表现的静物写生，还是与本专业接轨的建筑室内外空间写生，都必须了解和掌握对不锈钢质感的表现。

用水彩语言表现不锈钢制品需要注意三点：其一，一般不锈钢制品都具备光洁、锃亮的视觉质感，由于形体构造上有变化，其镜面呈现的映像存在一定变形；其二，映射到不锈钢制品表面的光源会成几何形状的块状，要注意这些光源与形体结合后的形状表现；第三，不锈钢制品的色彩是在灰色调中变化的，这中间有不同明度的灰色，也有映射其中的环境色的表现，细节刻画尤其丰富。在水彩表现的技法上，不锈钢制品一般用干画法来表现，因为干画法能够营造利落的边界感，能够把金属的特性表现得更加贴切。图2-18把两种不同造型的不锈钢制品表现得非常生动。

图2-18　不锈钢的质感　（37 cm×52 cm　葛琴）

4. 石材质感

石材质感在常规静物写生中几乎不会画到，但是在建筑室内外空间写生的学习中，各类大理石、花岗岩、水磨石等石材是经常会见到、画到的。石材质地坚硬，棱角分明，打磨后呈现一定的光泽，在建筑中应用广泛。

石材在水彩的绘画中可以分为两类：一类是原始石材质地的模样，另一类是打磨加工后所呈现的样貌。打磨加工后的石材具备石材的色彩和纹理，同时又有光洁的镜面，可以一定程度地反映所处环境的光源。这两类石材用常规的干画法都可以很好地表现出来。描绘原始质地的石材可以用到各种技法。可依据石材呈现的天然质感，使用撒沙子、刮擦法、叠压法等多样的处理方法。图2-19和图2-20是两类不同石材的空间写生作品。

图2-19　室内石材的质感　（36 cm×51 cm　石褒曼）　图2-20　天然石材的质感　（41 cm×24 cm　陈思睿）

5. 布料质感

布料是对柔软质感的一种典型表达。对布料的水彩表现常用在初学者的静物写生阶段，用以表现色彩在光线下的变化。布料褶纹是很好的写生题材，有助于练习绘画表现中"知其然，又知其所以然"的空间走向关系。不同的布料有着不同的视觉属性，这种视觉属性在体现丰富多样质感的同时，也能够得当地表现空间。

布料在建筑空间中的应用有一定的局限性，一般会以软装饰的形式出现在室内家

具及窗帘部分，渲染所处空间的氛围，衔接、调和各类建筑构件的色彩属性。图2-21和
图2-22中是两种不同质感的布料，其绘画语言的表现各具特点。

图2-21　丝绸的质感　（51 cm×36 cm　戴润龙）

图2-22　绒布的质感　（52 cm×36 cm　杨琳）

6. 木材质感

木材质感在绘画中比较容易表现。木材的颜色取决于型材的处理方法，有的木材保持了木料原色，有的木材是漆面的颜色。木材具备树种本身的纹理，以不规则的形式呈现，独具特色。

木材由于其生长特点，具有一定的稀缺性，在生活中都是以小体量的形式出现的，比较容易刻画，在水彩的绘画表现上也相对容易。在水彩画作画过程中，注意木材造型特点、体积转折、色彩与纹理等因素，就能够顺利地表现出其特有的质感。木材质感的绘画作品如图2-23所示。

图2-23 木材的质感 （51 cm×36 cm 于鸿洋）

如果说绘画是为了表达视觉感受，那么建筑设计就是在创作视觉环境，而呈现在视觉中的客观世界，质感是其必备因素。所以，能够充分地运用绘画语言表现质感，是绘画者、设计者应该具备的重要能力。

2.5　色彩语言的多样性

在建筑学专业的美术课程中，我们最先接触的颜料媒介是水彩，以水彩画写生开始基础的色彩学习；后续我们会学习马克笔的绘画语言，以进行专业课程的建筑效果图的快速表现。在选修课程中我们还会接触到水粉画、油画、中国画等媒介。每一种绘画颜料都有各自的语言特点，在作品上会呈现不同的风格特点，了解并掌握多种颜料的既定语言特点，会使绘画表现更加有效。

2.5.1　丰富的水彩语言

水彩画中的"透明"，与水密不可分。水彩画是以水稀释的水彩颜料画在白色的水彩纸上，来呈现初次通透的视觉效果。水彩纸的底色为绘画提供了高光，随着水彩颜料和半透明颜色的多次覆盖，纸张吸收了更多的光线，反射光线减少，画面中的颜色逐渐变深，再次呈现叠加后的通透。

水彩颜料具有水溶性，在干燥后仍能或多或少地再次溶于水中，因此通过增减水的用量以及使用刷子、海绵、布、棉纱、纸张等工具，可以对画面颜色做出不同的调整。顺应水的特性，也可以用水洗的方法对画面进行阶段性的修改和调整。

1. 水彩的湿画法

水彩的湿画法是指作画过程中用水量比较大的作画方法。水彩的湿画法分为两类：一类是在湿润的水彩纸表面进行局部的刻画；另一类是在湿润的笔触未干的局部接着画下去的方法。湿画法能够在画面上产生连续的清澈色调，不同色块和笔触之间可以浑然一体，使衔接没有痕迹，过渡自然。图2-24是应用了湿画法的水彩静物写生作品。

水彩的湿画法适合表现天空、建筑立面等大面积的物体，在纸面未干的情况下，可以画出明暗、冷暖色彩的自然变化，表现空间距离上的微妙差别。湿画法也适合表现雨雪等特殊的季节场景，颜色之间互相交融的笔触很贴合水汽丰沛的氛围。

2. 水彩的干画法

水彩的干画法是指调控掺入颜料中水的比例，保持颜料的高饱和度，保持水彩画面的干燥程度，在绘画过程中笔触之间有清晰界限的一种画法。相对于湿画法来说，水彩的干画法更易于掌握，在绘画实践中应用的范围更广，适用题材多样，更适合初学的画者。在图2-25的静物写生作品中，玻璃瓶和衬布都应用了干画法。

水彩的干画法与水粉、油画、马克笔等绘画语言的一般技法有相通之处，在塑造形体上有着共通之处，而干画法能够精细地表现体积、质感等各种微妙的色彩变化。

图2-24　应用湿画法的水彩静物写生作品　（25 cm×36 cm　张微）

图2-25　应用干画法的水彩静物写生作品　（31 cm×54 cm　隋欣）

在水彩的画面中，干画法与湿画法结合运用，可形成虚实相应、空间递进的层次感。水彩颜料以水调和，水量的增减丰富了绘画语言，给各种技法的衍生提供了更多的可能。

2.5.2 水彩的语言与技法

在一幅水彩画中，不同的空间位置、不同的材料质感需要相应的技法来表现，所以掌握多元的水彩画技法并得当应用，是学习水彩画要具备的必要能力。

1. 撒盐法

撒盐法是水彩绘画技法中较容易实现的一种，就是在保持充分含水量的颜料中撒上盐粒，待干透以后，画面上会形成盐花，产生类似片片雪花的视觉效果，如图2-26所示。

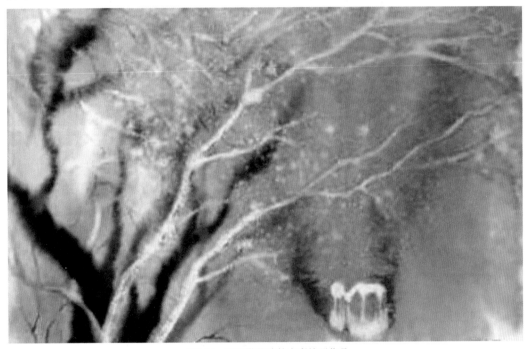

图2-26 应用撒盐法的水彩绘画作品

2. 沙砾法

沙砾法是表现砂石质感常用的技法，就是在比较饱和的颜色上根据需要有疏有密地撒上吸附颜料的沙砾，让局部颜色更厚重，同时画面兼具砂石的质感。在这个基础上进行深入刻画，石材的质感更容易表现。图2-27画面中背景部分的颗粒感就是沙砾法的应用。

图2-27　应用沙砾法的水彩绘画作品

3. 刮擦法

刮擦法是利用坚硬的工具（如油画刀、卡片、壁纸刀、亚克力笔刷楔形端头、金属笔尖等）在干湿不同的水彩纸面上刮擦出规则或者不规则的点、线、面区域，以创作特殊效果的方法。这种方法可以表现颗粒、树枝、格栅、石块等物体。刮擦法的实质是在画面上做减法，常在水彩颜料大面积铺色中创建全白的局部或高光，将或块状或线条样的区域用刀片刮除，露出下面的白纸。

留白胶经常在刮擦法中使用。留白胶是一种橡胶乳液，未落水彩颜料之前，将它涂在需要留白的纸面上，待干后，继续铺色作画，画面整体完成并干透以后，去除留白胶，露出纸面，即可实现刮擦后的视觉效果。图2-28的作品中有很多受光部分的细节，技法上是刮擦法和留白胶的综合应用。

4. 吸除法

吸除法在本质上与刮擦法一样，是画面中的"减法"，不同的是，刮擦法属于干画法的一种技法，吸除法则是湿画法类别中的一种。吸除法是水彩颜料在画面上处于不同湿度的阶段，用海绵、具有吸水性的布或者纸巾将局部颜料吸走的手法。这种柔和的技法处理常用于表现天空中的云朵，也适合表现宽阔水域中的浪花，如图2-29所示。

图2-28　应用刮擦法与留白胶的水彩绘画作品

图2-29　应用吸除法的水彩绘画作品

5. 涂蜡法

涂蜡法运用某些颜料与水不溶的特质，先以蜡笔或油画棒这类蜡油属性的颜料画出物体的一部分，再用水彩大面积铺色，而水彩颜料仅附着在没有蜡油颜料的区域，以呈

现特殊的画面纹理结构。这种画法适用于表现物体的肌理，比如木头的纹理、水浪的浪花、陶瓷器皿的高光等，如图2-30所示。

图2-30　应用涂蜡法的水彩绘画作品

水彩画的技法因水而生，水量的多少、干湿的程度、水与其他物质的关系都成就了水彩画丰富的表现力。虽然技法语言不是绘画的全部意义，不足以完全表达创作的思想与理念，但技法语言有着通过视觉直接触动人心的力量。水彩作为绘画语言，其丰富性不仅仅指技法的繁杂，还指表达的多元。随着创作理念的不断推进，各个画种语言之间一定会在共融中发展，技法之间也必定互通，产生更多既独具风格又富有表现力的画面语言。

2.5.3　马克笔的语言与技法

随着建筑设计理念日新月异，建筑设计语言有了更丰富的表现空间，但是，追根溯源，手绘表现图与计算机设计软件仍然是设计表达的两个支撑性语言，而手绘表现图以其科学性和艺术性成为建筑学专业的初学者首要掌握的设计语言。

基础的建筑手绘表现图分为水彩渲染和马克笔快速表现两类，而学会了水彩写生也就能够举一反三地应用水彩渲染，故这里着重讲解马克笔手绘建筑表现图的相关知识。

马克笔源自国外，又名记号笔，一笔一色，颜色纯净。马克笔手绘表现图是把画面中的色彩归纳概括，用色系相近的几支笔协同表现单个物体。马克笔的线条排列方式和块面明暗渲染方式与水彩、素描等绘画语言的表现方式不一样，除了能够表现概括的笔触，还具有利落清晰的视觉感染力。马克笔一般分为油性和水性两类，水性马克笔落笔时和干透以后的颜色会有明度上的变化，油性马克笔的颜色比较鲜亮、饱和、稳定。

马克笔的笔触之间可以叠加，色彩可以调和，但是无法涂改，建议用色由浅到深，逐步体现色彩明度之间的差别。马克笔手绘有两个要点：一是线条排列要与建筑、景观的质感肌理相符；二是线条的变化要与建筑、景观的透视规律相协调。

马克笔绘画线条简洁、语言精练，但对描绘对象的表现空间有限。这就需要我们对建筑、景观的相关材料有写生的积累，在写生的基础上生成概括、提炼画面因素的能力，利用有限的马克笔线条把刻画对象特有的质感与肌理表现出来。

马克笔绘制的建筑效果图需要表现出建筑及景观的造型、体积、空间、质感、色彩这些基本的绘画构成因素。受画材所限，马克笔的视觉语言表现简练，并且不易涂改，所以马克笔的每部分线条都要准确，这个准确既包括色彩方面的准确，也包括造型方面的准确。马克笔对建筑的构建要符合具体造型范畴内透视规律的变化，即近大远小。图2-31和图2-32的作品都是马克笔笔触表达清晰的范例。

图2-31　表现笔触与透视关系的绘画作品（一）　　（29 cm×21 cm　李慧）

图2-32　表现笔触与透视关系的绘画作品（二）　（29 cm×21 cm　隋欣）

　　马克笔绘画语言的特点是方便快捷，表现有力，概括统一，清晰明了。马克笔绘画语言的特点决定了它的绘画效率，即便于设计师表现创作理念，也便于设计师与他人有效沟通创作思路。

第3章

专项题材表现

建筑学本科阶段的教学目标是培养未来建筑师需要具备的职业素养,这就使色彩课程有了更具体的方向。体积与空间是建筑存在的基本体量因素,材料与质感是建筑物的客观构筑因素,情境氛围是在建筑设计构思之初和落成之后重要的视觉因素。这一章节,我们就把色彩学习与这三个专题结合起来详细研究。

3.1 体积与空间的表现

绘画的奇妙之处在于用二维平面的画纸表现三维的现实世界。这种三维概念的体现,对于单个物体是体积,对于群体是多个物体构成的空间。

运用色彩语言塑造画面的体积与空间,实质上就是用色彩的变化塑造形体,这些色彩的变化从何而来呢?首先要理解到物体受光部分与背光部分的色彩差异,其次要理解固有色与光源色、环境色的关系,最后要兼顾色彩的冷暖关系对比和虚实关系对比在绘画技法上的应用。当我们在画面上把种种因素产生的色彩变化表现出来的时候,体积与空间就在画面上构建起来了。

3.1.1 体积的表现

单个物体在空间里占有长度、宽度、厚度,这三个维度所占空间的大小称为体积。由于光源的存在,我们能够明确地感觉到物体三个维度的块面呈现各不相同的色彩围合

在一起，这样视觉上就有了体积感。表现体积与空间的绘画作品如图3-1所示。

图3-1　表现体积与空间的绘画作品（一）　（24 cm×35 cm　高海慧）

　　色彩明度是体积感所呈现的最直观的视觉表现。一般光线条件下，光线照射到的部分，色彩明度较高；光线照射不到的部分，色彩明度较低，这两部分色彩的对比构成了画面物体的体积感。光线强的条件下，受光部分与背光部分的色彩明度对比强烈；光线弱的条件下，受光部分与背光部分的色彩明度对比柔和。

　　色彩的变化是体现物体体积感的最重要的视觉因素。光源色与环境色能够改变人们对物体固有色的视觉印象，是在画面上体现体积感的重要因素。光源色是指照射物体的光的颜色。光源色影响着物体受光部分的色彩。由于光源色彩的不同、强弱的不同，其对物体受光部分的色彩影响也不同。环境色是物体基于本身材质对周围环境颜色反映的色彩。本身材质光洁、固有色较浅的物体对环境色的反映就比较明显，而材质粗糙、固有色较深的物体对环境色的反映就比较弱。如果说光源色确定了画面中物体的色彩氛围，那么环境色就是把画面中的物体的相近位置关系表现出来，两者共同丰富了物体的体积感。

色彩的冷暖是受光部分与背光部分自然生成的色调对比变化。受光部分呈现暖色调，背光部分的色调则相应冷一些；受光部分呈现冷色调，背光部分的色调则相应暖一些，冷暖色调在相互并置中塑造着物体的体积感。

3.1.2　空间的表现

物体与物体的位置差异，称为空间。如果说体积是对单个形体的三维表现，那么空间是两个以上形体距离关系的体现。空间在本质上是距离，表现空间距离要遵循"一切画面因素从写生对象中来，到画面表现中去"的原则，其根本方法是观察。表现空间距离时要特别注意画面的构图，还有边缘线的处理，同时要学会用色彩纯度与空气透视规律相结合、色彩虚实关系、对比处理等方法把色彩变化体现出来。表现体积与空间的绘画作品如图3-2、图3-3所示。

图3-2　表现体积与空间的绘画作品（二）　（36 cm×52 cm　张鸢薪）

图3-3　表现体积与空间的绘画作品（三）　　（36 cm×51 cm　塔拉）

　　空间在画面中最基础的表现应该是构图。物体之间相对的位置、近大远小的透视规律都会在构图过程中以线条的形式准确地表现出来，为后续环节运用色彩因素塑造空间做基础性的准备。

　　边缘线是一个物体与另一个物体或者背景产生联系的线。边缘线处理原则是物体颜色越重边缘线越松动，在投影和高处要适当实一些；对比强的线实一些，对比弱的线虚一些。

　　空间距离可以用色彩纯度与空气透视规律结合在一起来表现。物体之间的空间位置能够运用色彩纯度的变化来表现，从写生规律来看，靠近视点的物体，色彩纯度更高；距离视点较远的物体，色彩纯度较低。这与近实远虚的空气透视规律相对应，体现着画面中的空间距离。

　　空间距离在画面中常用的表现方法还有虚实关系的处理，即处于近处的物体要刻画得清晰实在，处于后方的物体要刻画得虚一些。这种对比刻画的方法通常用来表现画面中处于前后不同位置的物体之间的距离。虚实对比越强烈，表现的空间距离就越大。

　　空间距离在画面中还可以在明度、色相、纯度、冷暖上进行对比处理。画面中，对于靠前的物体，可以适当强化色彩明暗关系、冷暖关系；对于空间位置靠后的物体，可以弱化色彩的对比关系。

3.2　材料与质感的表现

在建筑设计中，建筑材料是直接表现设计风格的元素，建筑及景观的各部分工程材料的质感与颜色协同体现着建筑体量，营造了建筑空间的个性特征。对材料质感的画面表现是学习建筑美术必须掌握的重点环节。认识与表现建筑材料质感是建筑学专业素描课程的重要内容，也是色彩课程的重要组成部分。

3.2.1　石材的表现

石材是建筑设计的传统材料之一。石材用于建筑可以追溯到古埃及时代，古埃及绝大多数的建筑所用石材都是从尼罗河谷就地取材的。坚实的构筑、精细的雕刻，千百年来关于石材的工艺随着艺术风格的变迁而发展，使得这种坚固恒久的天然材料，成为建筑构件或装饰的一部分，并传承至今。石材立面的建筑写生作品如图3-4、图3-5所示。

图3-4　石材立面的建筑写生作品（一）　（32 cm×23 cm　敖嘉雯）

图3-5　石材立面的建筑写生作品（二）　（37 cm×24 cm　张馨瑜）

　　石材的质感在绘画表现中通常呈现单纯、质朴的面貌。在色彩方面，石材是天然形成的，色彩温和，没有过高的纯度，多以米色、褐色、灰色的色彩相貌出现；在质感方面，天然石材肌理自然，质地略粗糙，对于光源和环境的颜色没有过于强烈的反映。

　　作为建筑材料，在现代建筑设计与施工中，石材具有特殊的属性和作用，有着更加精细的定义和用途。各种各样的天然石材除去厚重的本质，留存坚实的质感，装饰性的功能在多样的建筑材料中显现出来，在建筑风格的设计与定位中有着独特的存在感。

3.2.2　金属的表现

建筑物要求具有坚固、耐久的特性，所以金属在建筑结构与建筑空间中应用十分广泛，这既有功能上的需要，也体现出很好的视觉效果。不锈钢、铸铁、铜锌、铝箔等多样的金属材质成为建筑设计中上佳的视觉元素。

不锈钢材料具有耐腐蚀性、防火性等诸多优点。20世纪末，不锈钢在世界各地流行，在建筑内部空间、建筑立面和建筑构件中得到广泛应用。

从普通的亚光处理到软抛光，到特定纹理图案和色彩的抛光处理，一直到高度镜面抛光，多样的不锈钢抛光技术使得不锈钢呈现多样的视觉表现力，这为富有想象力的设计师带来更多选择，可以更好地帮助设计师实现他所寻求的令人愉悦的美学效果。不锈钢材质的建筑写生作品如图3-6所示。

图3-6　不锈钢材质的建筑写生作品　（37 cm×30 cm　许昊天）

不锈钢的画面表现要体现与建筑环境的相容性。因为不锈钢材质的镜面特性,能够把所处建筑的环境或多或少地呈现在表面,所以对建筑环境色彩、不锈钢造型产生的曲面变化要进行综合性的观察和合理的表现。

建筑设计还会用到很多金属质感的材料,包括铸铁、铜锌、铝箔等有色金属,这些材料因其耐久的材质特征、硬朗的视觉特征在建筑空间环境中具有独特的表现力。铸铁材质的建筑写生作品如图3-7所示。

图3-7　铸铁材质的建筑写生作品　　(33 cm×45 cm　孙海博)

金属材料在水彩绘画过程中一般需要用干画法来表现,因为干画法能够清晰地绘制硬质材料的转折,明确地表达材料或粗糙或细腻的表皮属性。在水彩的调色上,金属材料属于色彩纯度居中的样貌,不同材料对环境色的反映有所不同。

金属材料既坚固耐用,又现代感十足,是材料科学技术不断发展的产物。在建筑设计中,金属材料的应用会赋予建筑独特的个性魅力和时代特征。相应地,在基础绘画学习中,我们应该具备表现各类金属样貌、形态的能力,以更好地辅助设计理念的表达。

3.2.3　涂料墙体的表现

建筑涂料分为室内和室外两类,是涂饰于物体表面能与基体材料很好黏结并形成完整而坚韧保护膜的物料。涂料的质地平实,细腻不反光,可选色彩多样,绘画表现相对容易。

描绘涂料覆盖的建筑题材作品时，在色彩表现上有一定的基本原则。从色彩调配来说，无论是表现涂料材质的室内墙体还是室外建筑立面，都是固有色的基本呈现，光源色和环境色对其影响较小；从质感表现来说，涂料不反光、无镜面，色彩变化与衔接应以微妙自然为好；从水彩绘画技法来说，用顺畅的湿画法来表现涂料立面的建筑写生作品比较适合。涂料立面的建筑写生作品如图3-8、图3-9所示。

图3-8　涂料立面的建筑写生作品（一）　　　　　　图3-9　涂料立面的建筑写生作品（二）
（33 cm×23 cm　孙怡婷）　　　　　　　　　　　（35 cm×50 cm　宋子瑞）

3.2.4　玻璃的表现

玻璃是现代社会中重要的基础建设材料，具有表面晶莹光洁、透光、隔声、保温、耐磨、耐气候变化、材质稳定等优点。玻璃以石英砂、砂岩或石英岩、石灰石、长石、白云石及纯碱等为主要原料，经粉碎、筛分、配料、高温熔融、成型、退火、冷却、加工等工序制成。随着现代科学技术和玻璃技术的发展及人民生活水平的提高，建筑玻璃的使用不再仅仅是满足采光需要，而是从调节光线、保温隔热、安全（防弹、防盗、防火、防辐射、防电磁波干扰）、艺术装饰等角度出发。随着玻璃在建筑中的用量激增，其成为继水泥和钢材之后的第三大建筑材料。

建筑玻璃在建筑环境有特有用途，按照建筑结构中的不同位置，可以分为三类：一是作为室内外互通的窗口（见图3-10），二是作为室内空间的功能性隔断（见图3-11），三是作为建筑外立面的玻璃幕墙（见图3-12）。

图3-10　玻璃的室内写生作品（一）　（32 cm×37 cm　李慧）

图3-11　玻璃的室内写生作品（二）　（34 cm×49 cm　乔林）

图3-12　玻璃幕墙写生作品（三）　　（36 cm×51 cm　邓智分）

在色彩写生的绘画中，建筑空间里的玻璃同静物写生中的玻璃器皿一样，具备通透的视觉效果。透过玻璃看到的物体会产生结构上的变形，玻璃表面对光源有高光的折射，玻璃的镜面属性会反映邻近环境的特征。基于以上相关视觉特征，画面中丰富的细节可以很好地呈现玻璃的质感。

3.3　情境氛围的表现

在绘画范畴内，情境氛围是一个既具象又抽象的概念，是建筑及景观所营造的总体感受。在写生中，建筑空间的情境氛围是落笔之前观察、感受到的；在创作中，对情境氛围的考虑要先于具体细节，画面中所有的具体形象与细节的选择都要以情境氛围呈现的感受为宗旨。

情境氛围从学习整体画面绘画技巧上可以细化为两个方面：一方面是光源色的色彩表现；另一方面是环境色的色彩表现。因为光源色与环境色覆盖整体画面，所以从色调和色彩关系上构成了画面的情境氛围。

3.3.1　光源色与情境氛围

光源色决定空间环境和整体画面的色调，这种整体的色调是给人第一感觉的源头。

以图3-13和图3-14为例，两个画面中的空间环境是教学区的不同部分，前者是自然光源下的写生作品，给人的第一感觉是安静、朴素；后者是暖色灯光条件下的写生作品，给人的整体感觉是温润而丰富。在绘画表现中，光源色的颜色决定所有受光部分的色彩变化，也影响着背光部分及其他画面构成因素的色彩倾向。

图3-13　关于光源色的建筑环境写生作品（一）　（33 cm×49cm　赵嘉裕）

图3-14　关于光源色的建筑环境写生作品（二）　（36 cm×52 cm　塔拉）

3.3.2 环境色与情境氛围

环境色是绘画学习和建筑设计中十分重要的色彩因素。大体量的建筑对城市环境、相邻建筑的室内空间都有很明显的影响，所以在设计中需要慎重斟酌建筑色彩的使用。在现实的空间环境中，环境色使得空间中不同色彩的物体互相影响，共同联动，形成整体的色彩氛围。

环境色主要影响物体背光部分的色彩变化，这种影响是邻近物体之间的相互影响，色彩上呈现"你中有我，我中有你"的色彩关系。

图3-15和图3-16是两幅水彩写生作品，以更宏观的自然景观为例，讲解环境色是如何构建情境氛围和如何在画面关系中表现的。画中的长白山天池是中国最高、最深的火山湖，位于吉林省东南部长白山十六峰的环抱簇拥之中，在长白山巅的中心点，群峰环抱，海拔2100多米，故名为天池。天池中的水同其他的水源一样，本来是无色透明的，一池无色的水因为环境色的影响会在不同季节、不同气候条件下呈现不同的色彩，与环绕四周的山石植被营造不同的情境氛围。图3-15是冬天的天池。此时，白雪覆盖了水域周围的山石，简化了水面色彩的变化，唯一的环境色因素是天空，晴朗的天空把幽蓝的色彩映射到水面，并且影响到白色的山巅，形成了以蓝色为主的冷色调画面。

图3-15 关于环境色的景观写生作品（一）   （36 cm×52 cm 陈子涵）

图3-16是夏季的天池。此时，天空的蓝色依然是影响水面色彩的环境色，周围山上生长的绿色植被叠加影响了天池的水域，蓝色与绿色混合，呈现的是蓝中有绿的碧蓝水色，没有生长植被的一侧山石受到蓝色天空影响，呈现偏蓝的冷色调，这幅画整体上是蓝绿色的环境色调，形成碧蓝、清透的情境氛围。

图3-16　关于环境色的景观写生作品（二）　　（33 cm×21 cm　孙颖）

天池正是因为天空、山石、植被、自然的雨雪这几种因素的色彩变化，生成了多变的、丰富的情境氛围。由此，我们可以举一反三地了解生活中的空间环境，学会联动地表现画面，进而在建筑设计创作中把色彩因素考虑进来，用建筑空间及景观构建出具有表现力的情境氛围。

综上可知，一方面，情境氛围在绘画作品的画面表现中是具体的，在建筑空间的创作表达中是具象的；另一方面，绘画写生和设计创作最终作品形成的色彩感觉又是抽象的。所以学习的过程就是把具象的表现和抽象的感觉凝结在一起，既对作品的结果有想象，又能够以结果为导向把握画面构建的方向。画面情境氛围的理解与表现是色彩绘画实践在掌握技法的基础上更高层级的学习过程。

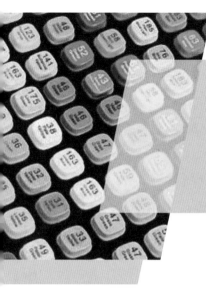

第4章
建筑内部空间写生

　　建筑是生活的容器，我们的日常生活就是在建筑空间里进行的。我们在建筑设计的过程中需要综合考虑建筑物各个组成部分的使用功能、艺术造型、技术经济等诸多方面的因素，并运用技术得当地设计建筑的构造方案。

　　建筑的物质实体一般由承重结构、围护结构及附属构件组合而成。在建筑内部空间内常见的梁、柱等属于基础结构，各种内墙、外墙、填充墙、隔墙属于围护结构，门窗、楼梯、台阶、坡道等常用的功能性构件统称附属构件。

　　我们在写生的过程中要了解建筑内部空间各个部分的功能性和美学属性，学会观察与画面表现，进而形成视觉素材，并将其灵活运用到实际的建筑设计方案之中。

4.1　建筑构件写生

4.1.1　摄像头写生

　　教学楼的每一间教室里都有摄像头。在写生时，摄像头的造型角度属于仰视，整个形体遵循近大远小的透视变化规律；在体积与空间上，虽然各个部件相对细小，但左侧自然光形成的受光部分和背光部分区分明确，呈现三维的立体感；在材料质感方面，主要是白色塑料与有色玻璃的质地的表现，玻璃质感相关的细节是刻画重点；在色彩的表

现上，以固有色和环境色的综合表现为主。摄像头的写生作品如图4-1所示。

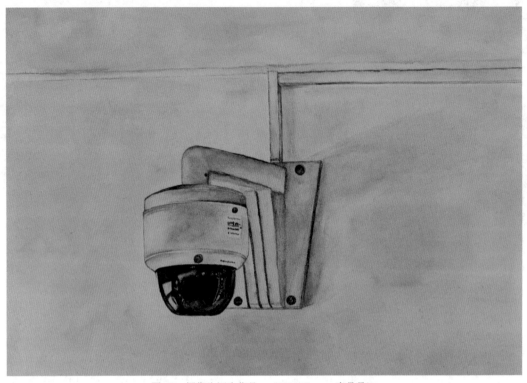

图4-1　摄像头写生作品　　（35×50 cm　唐晶晶）

4.1.2　上下水管线写生

上下水管线属于建筑设备的一种，从功能性来分主要有自来水管线（见图4-2）、下水管线（见图4-3）、供暖管线（见图4-4）。每一种管线因为用途的不同在建筑空间中所处的位置就不同，用材也不同，容纳流量的直径也不同。每一种管线在既定的位置都要闸口开关的节点，方便局部维修和控制流量。

在进行以建筑管线为题材的色彩写生时，需要注意以下几个重点环节：首先，在取景构图上要选取有细节可刻画的局部，可以是包含开关的部分，也可以是包含不同方向管线衔接的节点；其次，在管线的体积刻画上以圆柱体的塑造规律为参照，在空间表现方面要注意近大远小的形体变化；再次，关于管线材料质感，大体有塑料和金属两类，按照每一种材料的细节特点塑造就好；最后，对于色彩，要兼顾固有色、光源色、环境色的变化，综合表现受光部分和背光部分的色彩变化。

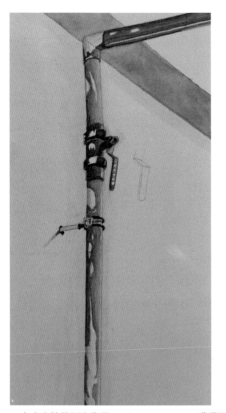 

图4-2　自来水管线写生作品　（28 cm×51 cm　曹紫阳）　图4-3　下水管线写生作品　（34 cm×49 cm　张之新秀）

图4-4　供暖管线写生作品　（36 cm×43 cm　张雅婷）

在进行以建筑管线为题材的色彩写生时，画者要通过细腻的观察，以绘画写生的方式表现出内各种管线，同时也会发现建筑管线的功能用途、结构走向，以及具体的施工方式。这个过程是与《建筑环境与设备》《建筑构造》《建筑施工》《建筑材料》的教学内容衔接在一起的，是理论联系实际的过程，是对建筑类相关专业课程更深一层的理解、巩固和消化。

4.1.3 窗口写生

窗口是建筑房屋的重要组成部分，属于维护构件，主要供采光和通风之用。教学楼里的窗口分为室内的推拉窗、面向户外的平开窗和部分装饰性的窗口三类。这些窗口大都是由塑钢型材的窗框和平板玻璃组成的。

室内的推拉窗位置较高，写生时，属于仰视的视角。在教室里写生，窗口之外是走廊的顶棚；在走廊里写生，窗口之外就是教室的顶棚。对于仰视窗口的色彩写生，在造型方面，要严谨地把握近大远小的透视变化，把推拉的两扇窗口的空间错层表达清晰；在体积与空间塑造方面，要处理好画面细节，具有空间意识，把精微的厚度和宏观的空间距离与虚实处理结合起来，得当表现；在材料质感的处理方面，涉及的塑料、玻璃和墙体三种材质，要根据静物写生阶段的相应训练进行拓展；在色彩表现方面，建筑构件的色彩在室内空间通常呈现较低的色彩纯度，比较容易调配。室内窗口写生作品如图4-5所示。

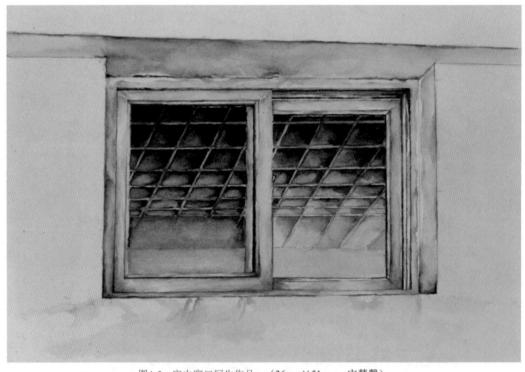

图4-5 室内窗口写生作品 （36 cm×51 cm 宋慧馨）

面向户外的平开窗大多配有遮光的窗帘，对于这类题材的色彩写生，在造型方面，要清晰地表现窗口型材的结构，把施工工艺在视觉层面上表现清楚；在空间处理方面，要把室内与室外物体的虚实关系拉开，把空气透视、近实远虚的感觉表达出来；在材料质感方面，要把在静物写生阶段对塑料、玻璃和布料的表现应用到窗框、窗口和窗帘上；在色彩表现方面，要考虑户外光线的冷暖和室内逆光的明暗程度。面向户外的窗口写生作品如图4-6所示。

图4-6　面向户外的窗口写生作品　（36 cm×51 cm　李明扬）

建筑立面的局部会有一些装饰性的窗口，这些窗口在功能上主要起到采光的作用，因不能开启而无法通风换气。装饰性的窗口呈现的是平面构成和立体构成的设计因素，形式感很强。对于装饰性窗口的色彩写生，在造型方面，既要把窗口的设计感准确刻画，又要严格遵循透视规律，把造型准确落实；在体积与空间表现方面，主要是以自然光线为基础，对受光部分和背光部分的色彩逐一铺陈；在材料质感方面，要细心观察，把体现塑料和玻璃质感的细节刻画到位。装饰性窗口的写生作品如图4-7所示。

图4-7　装饰性窗口的写生作品　（36 cm×46 cm　徐爽）

4.1.4　门的写生

门是建筑空间的重要组成部分，主要功能是建立交通联系。按照不同的功能属性，教学楼内常见的门分为建筑入口的大门、各个楼层的防火门和教室的出入门。功能属性的不同决定了门的造型和材质的不同。

教室的门是色彩绘画写生中的常见题材。每个教室有前后两个门，为一宽一窄不同的尺寸规格，大多为木质，呈棕色。在门的造型方面，就是长方体各个角度的转换，要符合长方体的透视原理；在门的体积表现上，要处理好门的厚度刻画；在门的材质表现方面，要注意门板和门口的木质纹理刻画，还要注意副窗部分的玻璃质感的呈现；在色彩表现方面，教室门的色彩以棕色调为主，因为其距离光源较远，色彩变化含蓄。教室门的写生作品如图4-8、图4-9所示。

图4-8　教室门的写生作品（一）　　（36 cm×51 cm　唐晶晶）

图4-9　教室门的写生作品（二）　　（34 cm×32 cm　葛琴）

　　教学楼中还有其他功能的门，图4-10是走廊端头的交通核，通向教室、楼梯间和户外露台，画面中两个门功能不同，构造也不同，色彩也就不同。

图4-10　门的写生作品　　（33 cm×52 cm　王昕婷）

4.2　建筑空间写生

建筑是大体量的构筑物，在视觉上，建筑外部呈现的是体积感，内部呈现的是空间感。建筑内部的空间分隔取决于功能分区，所以建筑内部空间的绘画表现既有开间、进深、层高等尺度意义的表现，又有体现功能的环境表现。

建筑内部空间在色彩写生的题材上分为两类：一类是一点透视的开敞空间，另一类是两点透视的成角空间。这两类空间各有特点，绘画要点也不同。

4.2.1　一点透视的空间

一点透视的空间是透视基本原理的再现。著名的表现一点透视空间的作品是达·芬奇的《最后的晚餐》，画面中的消点就在耶稣的头部。在画面构成上，画面中心的这面墙四平八稳，起到了稳定构图的作用。这类空间在表现上包括的角度较为广泛，空间内容较为丰富，能够全面地展现建筑空间的属性和氛围。

一点透视空间的画面取景包括三面墙、顶棚和地面。通常写生的构图是画面中间有一面完整的墙，一点透视的消点就在这面墙上，消点的位置是视点水平延伸在墙上的点。画面中的其他构成因素既要符合观察的准确性，又要符合一点透视的规律。简要来

说，垂直的线都要保持垂直，倾斜的线与垂直的线呈现的角度要准确，所有空间中倾斜的线都要消失到画面中的这一个消点上，这就是一点透视空间造型的要点。

画面中，体积与空间、材料质感和色彩表现都是前期写生作业的综合积累，是静物写生练习的拓展，也是建筑局部构件写生的组合。

同样的教室，不同的取景，既体现了学生的个人审美，也再现了不同的空间构成和氛围。一点透视空间写生的不同取景作品如图4-11、图4-12所示。

图4-11　一点透视的空间写生作品（一）　　（29 cm×51 cm　牟虹霏）

图4-12　一点透视的空间写生作品（二）　　（33 cm×50 cm　丁宁）

4.2.2 两点透视的空间

顾名思义，两点透视空间的画面由两个消点构成。与一点透视空间的画面最大的区别是，一点透视的消点在画面之中，而两点透视的两个消点都在画面之外。

在两点透视空间的画面中，两个消点在一条水平线上，这条水平线就是写生观察者的视平线，画面基本构成之后，两个消点在棚线与脚线的延长线上。首先要确定画面中两面墙成角处立柱的位置，把立柱的垂直属性体现出来，然后根据观察确定成角的两面墙的棚线和脚线的角度，两面墙生成以后，每一面墙的棚线和脚线延伸的交点就是透视的消点。

画面中，体积与空间、材料质感和色彩表现是前期写生作业的综合积累，也是按照空间关系和主次关系依次塑造具体细节的过程。

两点透视的空间场景层次比较丰富，无论是墙面的空间走向，还是物品的叠压，都是对前后空间秩序色彩表现的一个考验，需要在观察中建立距离尺度的概念，在写生中用细节体现到画面上。两点透视的空间写生作品如图4-13、图4-14所示。

图4-13　两点透视的空间写生作品（一）　（45 cm×35 cm　戴闰龙）

图4-14　两点透视的空间写生作品（二）　　（50 cm×36 cm　邓慧洁）

　　建筑空间写生是综合性的绘画写生，是对先前的素描知识、色彩知识的整合运用。从造型、体积空间、材料质感到色彩塑造，每一个作画环节都是对已有知识的梳理和拓展，重新构建出与建筑设计专业衔接更加紧密的知识维度。建筑空间写生既是广义空间绘画表现的一个起点，也是展开更丰富空间表现领域的开始。

第5章
建筑外部空间写生

回顾历史，建筑的功能与样式不断演进；环顾世界，多元的民族文化衍生出多样的建筑艺术风格，留下了代代相传又不断求新的居住痕迹。

经过素描课程的学习，加上色彩知识的积累，这一章我们开始建筑外部空间体量的相关写生学习。在建筑题材的写生过程中，我们需要了解并掌握建筑体量的一般表现规律，综合应用建筑色彩表现的相关知识，尝试呈现建筑立面材料质感的视觉感染力，把不同风格样式的建筑用绘画的形式完整再现，进而达到把建筑设计方案的效果图完善表现的教学目的。

5.1　现代建筑写生

2008年，沈阳工业大学从兴华南街的老校区搬迁至中央大街的新校区。图5-1中的1号教学楼是老校区的核心教学区域，取景为教学楼的主入口，教学楼的对面是名为"桃李园"的小花园，一枝初放的桃花引入画面构图。

图5-1　1号教学楼水彩写生作品　　（54 cm×31 cm　李慧）

　　搬迁后的新校区各项建设逐步完善。2010年，青春广场落成，广场的核心位置引入了老校区1号教学楼的主入口浮雕，学生以水彩写生的方式将其描绘下来（见图5-2）。建筑设计元素作为符号存留在两个校园中，又以绘画的方式存留在作品里。

图5-2　青春广场水彩写生作品　　（54 cm×33 cm　张雅婷）

新校园中有一些标志性建筑，成为日常生活的坐标，体育馆就是其中之一。图5-3描绘的是学校体育馆的正门入口，整体的建筑立面为玻璃幕墙，学生对画面构图的空间尺度把握得很好，入口前面步道与台阶的衔接体现出宽阔的视野。整张水彩写生作品把空间环境与建筑融为一体，以玻璃幕墙的上半部反映天空的样貌，以玻璃幕墙的下半部反映校园里近处的建筑环境，使得玻璃质感细腻生动，有很强的视觉感染力。

图5-3 体育馆水彩写生作品 （54 cm×38 cm 邓智分）

位于城市中心的广场是重要的交通枢纽，也是商业功能集中的区域，沈阳市和平区的中山广场就是这样一个地块。自1910年至1945年，中山广场四周建有欧式、日式风格建筑8座。因为金融机构多汇聚于此，中山广场曾有"沈阳外滩"之称。

图5-4是中山广场东北位置一欧式风格多层建筑的水彩写生。图5-5是中山广场西侧一欧式建筑的水彩写生。

在水彩写生过程中，学生们以建筑写生的方式熟悉自己的校园，了解自己读书、生活的城市，深入地观察体会建筑的年代痕迹，表现多样的建筑风格。

图5-4　广场建筑的水彩写生作品（一）　（34 cm×22 cm　孙海博）

图5-5　广场建筑的水彩写生作品（二）　（36 cm×17 cm　胡日巴）

　　浑河古称沈水，又称小辽河，曾是辽河最大的支流，同时也是辽宁省水资源最丰富的内河。浑河在沈阳城中由东至西穿城流淌而过，被称为"大钻石"的盛京大剧院与K11购物艺术中心两个标志性建筑在浑河岸边以青年大街为轴对称落成，成为浑河节点和城市地标。

图5-6描绘的是盛京大剧院。盛京大剧院是典型的玻璃幕墙建筑，外形类似一颗钻石，由上万吨重的钢骨架、3万平方米的玻璃外立面组成。整个建筑共有64个切割面，每个面由400块三角形玻璃板组合，共有25 600块玻璃。盛京大剧院有着玻璃幕墙建筑的典型特点，在色彩变化上，与天气、环境融于一体；在玻璃质感方面，对自然光线的折射体现出如钻石般闪耀的特征。

图5-6　浑河边盛京大剧院水彩写生作品　（35 cm×24 cm　张雅婷）

图5-7描绘的是K11购物艺术中心。K11购物艺术中心是集博览馆、会展中心、商业办公、博览馆、酒店、餐饮、娱乐等为一体的现代化、国际化的超大型城市综合体。该建筑依水而建，造型上个性十足，像海鸟，也像贝壳，建筑材料丰富多样，色彩构成雅致。

图5-8描绘的是浑河桥上很有特色的一座桥梁——三好桥。三好桥北起和平区三好街，南与长白西路相接，跨越浑河，是连通城市中部地区和浑南新区西部的重要通道。三好桥是一座钢拱塔斜拉桥，落成后即成为城市的又一标志性桥梁。

图5-7 浑河边的K11购物艺术中心水彩写生作品 （39 cm×27 cm 贺卉莉）

图5-8 三好桥水彩写生作品 （52 cm×29 cm 夏盛玉）

　　该写生作品表现出浑河宽阔的水域和桥梁独特的造型特点，能够把桥梁的固有色与其所处自然景观的环境色协调在一起，营造出浑然天成的色彩氛围。

　　图5-9描绘的是浑河边邻近学校的多层住宅建筑。该建筑与园区景观相互映衬，在色彩上互相影响、互相融合，呈现夏季特有的居住区环境。

图5-9　多层住宅水彩写生作品　（36 cm×26 cm　金书仪）

5.2　古建筑写生

建筑特征是在一定的自然环境和社会条件的影响、支配下形成的。我国是一个地域辽阔的统一的多民族国家，各民族的历史背景、文化传统、生活习惯各有不同，因而形成各具特色的建筑风格。

图5-10～图5-12是古建筑沈阳故宫的水彩写生作品。沈阳故宫，又称盛京皇宫，是清朝初期的皇宫，位于辽宁省沈阳市沈河区。沈阳故宫始建于1625年，建成于1636年，总占地面积为63 272平方米，建筑面积为18 968平方米。它不仅是中国仅存的两大皇家宫殿建筑群之一，也是中国关外唯一的一座皇家建筑群。

图5-10是沈阳故宫正门的水彩写生作品。沈阳故宫有别于北京故宫宏大的建筑风格，是庭院式的宫殿建筑，所以坐北朝南的主入口呈现的也是平实的空间尺度。画面的整体色彩是传统的红色基调，在充沛的自然光下，不同明度、纯度的红色构成得当的空间表现；琉璃瓦、石材、砖墙的质感也表现得非常细腻。

图5-10 沈阳故宫水彩写生作品（一） （35 cm×17 cm 李慧）

　　图5-11是沈阳故宫围墙外视角的水彩写生作品，整体风格端庄雅致。画面的取景构图中规中矩，较为方正；在造型上，各个细节刻画精微，通过建筑构成和构件把文化气息传达出来；红墙、灰瓦、琉璃砖在自然光线下的质感也表现得很具体，在几种质感的对比中建立起得当的画面关系。

图5-11 沈阳故宫水彩写生作品（二） （23 cm×28 cm 吴晨晖）

图5-12是沈阳故宫宫墙外的一处牌坊——文德坊。沈阳故宫正门外有两座跨街的木结构的牌坊，东侧为文德坊，西侧为武功坊。这两座牌坊的设立，不仅出于安全功能的考虑，也增添了抚近门到怀远门之间的空间层次感。画面中的牌坊清晰地呈现了木质结构，还原了构件的色彩原貌，以精细的刻画再现了古建筑特有的造型风格与构筑特点。

图5-12　沈阳故宫水彩写生作品（三）　　（24 cm×17 cm　王冰）

通过古建筑题材的色彩写生，学生既能够深入了解所处城市的建筑文化，也能够切实提高绘画能力。

5.3 景观写生

　　自然景观与建筑群落相互依存，共同构建起我们的空间环境，景观的绘画表达是建筑设计与表现的重要部分。我校学生对自然景观的学习是从校园内开始的。这一小节作品都取材于沈阳工业大学校园内的向日葵花海和步道边的小景，题材亲切，画面表现生动自然。

　　向日葵花海邻近我校校区南门，是从南门进入校园第一眼看到的风景，在向日葵盛放的季节，整片花海给人朝气蓬勃的感觉。图5-13在取景构图上，依据近实远虚的原则选取了近景——一个向日葵花头，微观到花头，宏观到花海、天空，把体积与空间层次有序地表现出来。这幅作品对向日葵的刻画细腻精湛，把植物在阳光下饱和的色彩表现得淋漓尽致。

图5-13　景观写生作品（一）　　（36 cm×51 cm　杨澜）

　　图5-14的向日葵花海是从校园东侧取景，画面构图上的背景是学校的体育馆，花海与体育馆在整体构图上相得益彰，体现着阳光和活力。这幅作品把近景、中景、远景的层次刻画得很分明，整体画面有暖绿色的主色调，又有不同空间位置、不同质感的色彩变化。

图5-14　景观写生作品（二）　　（33 cm×48 cm　李依洋）

　　图5-15和图5-16是校园内小景的水彩写生。两幅画均为步道上的小景，整体格调宁静、清新。画面综合运用了水彩的干画法和湿画法，把虚实相映的小空间尺度表现得很具体，对不同物体材料质感的刻画也很精细、清晰。

图5-15　景观写生作品（三）　　（43 cm×21 cm　张向前）

图5-16　景观写生作品（四）　　（48 cm×21 cm　李慧）

5.4　色彩语言的拓展

色彩的学习过程是从色彩基础知识到静物写生，再到建筑与景观题材的写生。在这个过程中，学生具备了运用色彩自由表现视觉可见物体的能力，这样在建筑设计专业课程中，便能顺利地进行以线条、彩色铅笔、马克笔为载体的色彩语言拓展。

下面是色彩语言在建筑效果图中的应用范例。

1. 水彩结合线条

水彩结合线条的效果图，即为钢笔淡彩效果图。钢笔淡彩是水彩结合钢笔线条的效果图画法。这类效果图的作画过程是以铅笔起稿，用墨线勾勒建筑与景观的结构，再辅以水彩渲染画面中的空间氛围。钢笔淡彩效果图如图5-17所示。

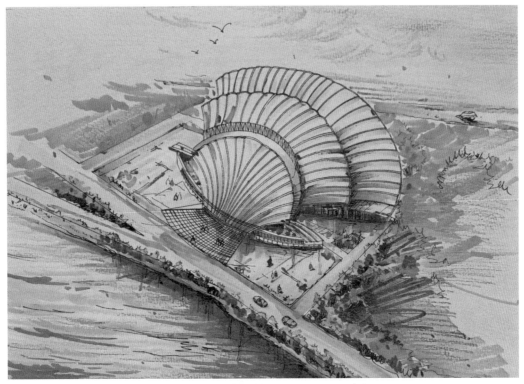

图5-17　钢笔淡彩效果图　（30 cm×21 cm　高垒）

2. 水彩结合彩色铅笔

水彩结合彩色铅笔，是较为便捷的手绘效果图方式，可以用水性彩色铅笔勾勒建筑与景观的线稿，用水彩塑造画面，再用彩色铅笔强化结构，其铅芯水溶的特性使画面塑造可进可退，虚实相得益彰。水彩结合彩色铅笔的效果图如图5-18所示。

3. 水彩结合马克笔

马克笔在建筑效果图中也应用较多。马克笔的语言清晰、直接、简练，可以快速地表现设计师的创作理念和意图。在掌握了较为全面的色彩知识以后，我们可以通过主观感受进行混色、叠色，形成既定的色彩面貌，自由地运用马克笔独具特色的色彩语言表现建筑及景观。水彩结合马克笔的效果图如图5-19~图5-21所示。

图5-18　水彩结合彩色铅笔的效果图　（30 cm×21 cm　孙佳）

图5-19　水彩结合马克笔的效果图（一）　（32 cm×21 cm　杨瑷鸿）

图5-20　水彩结合马克笔的效果图（二）　（36 cm×26 cm　曾烽）

图5-21　水彩结合马克笔的效果图（三）　（36 cm×26 cm　葛婺）

　　建筑外部空间是建筑的表皮，也是建筑的相貌，综合了建筑作品的年代印记、技术发展与艺术样式。建筑外部空间与建筑内部结构和谐统一，形成了整体协调的设计作品。建筑题材的色彩写生是建筑师学习成长的必由之路，是学生了解整体建筑视觉信息的重要环节。在学习建筑美术过程中，要求学生能够运用绘画语言表现建筑，学会细腻刻画建筑的构造，准确体现建筑空间的色彩，这既是基础性质的学习，也是基于个人设计理念进行自主建筑设计的基石。

后 记

　　《建筑美术——色彩》的书稿完成在即，整个创作过程既是结合绘画作品梳理文字的过程，也是回顾学生作业的过程。每一幅写生作业都是如此熟悉，题材、名字和年代结合在一起，仿佛把课堂时光缓缓倒流。

　　通过高考进入沈阳工业大学建筑学专业学习的学生都有理工科的学源背景，并没有经过专业的美术培训，绘画基础薄弱。二十年间，每一年的九月，每一届的学生都是从头开始学习素描和色彩的专业绘画知识，在两个学期内要循序渐进地掌握绘画表现的相关技法，能够运用视觉语言表现静物、建筑、景观，最终形成设计效果图。这个过程有难度、有压力，更有精进和成长。

　　绘画为学生奠定了坚实的设计基础，为建筑设计的实践提供了直观的视觉表现语言。这些年，我们学院的毕业生有的成为国家建设发展的中坚力量，有的考研深造，考取了中国美术学院、同济大学、哈尔滨工业大学、大连理工大学等国内一流院校的硕士研究生。无论选择哪条道路，都希望他们以后的道路上越走越远，越走越宽。

　　本书完成的过程是一路回顾教学的历程，这里既有教师职业生涯的精进，也有那么多学生学习成果的积累。书稿呈现的文字，是每个知识节点的递进，链接其间的是精彩纷呈的作品，而每一幅作品都倾注了学生和我的心血，承载了我们的回忆。每一年，画室里研习的身影从不间断；每一年，画室里走出的身影信心满满，继续研读充满新知的建筑设计专业课。二十年间，我和他们就这样用绘画作品累积出一个厚度。

感谢空间，学生们从校园出发，面向未来走出了很远的路途；感谢时间，让我们因为回顾过往而相信未来！

风景写生　（38 cm×26 cm　王馨怡）

参考文献

[1] 宋惠民. 美术之路：色彩写生[M]. 沈阳：辽宁美术出版社，1996.

[2] 许祥华. 建筑宽笔表现[M]. 上海：同济大学出版社，2006.

[3] 保罗·拉索. 图解思考：建筑表现技法[M]. 邱贤丰，刘宇光，郭建青，译. 北京：中国建筑工业出版社，2002.

[4] 麦尔·史泰宾. 新世纪水彩画技法[M]. 曹怡鲁，秦蕾，译. 北京：中国青年出版社，2004.

[5] 李国涛. 马克笔手绘[M]. 北京：人民邮电出版社，2017.

[6] 邬春妮. 环境艺术设计应试指南[M]. 杭州：浙江人民美术出版社，2002.